Bibliografische Information der Deutschen Nationalbibliothek:

Die Deutsche Bibliothek verzeichnet diese Publikation in der Deutschen National-bibliografie; detaillierte bibliografische Daten sind im Internet über http://dnb.d-nb.de/ abrufbar.

Impressum:

Copyright © 2015 GRIN Verlag, Open Publishing GmbH
Druck und Bindung: Books on Demand GmbH, Norderstedt Germany
ISBN: 9783668311626

Dieses Buch bei GRIN:

http://www.grin.com/de/e-book/341425/flughafenradar-einfuehrung-in-radarsysteme

Tom Filbrandt

Flughafenradar. Einführung in Radarsysteme

GRIN Verlag

Elektrotechnisches Seminar

an der Fachhochschule Südwestfalen – Meschede

Thema:

Flughafenradar

Name: Tom Filbrandt

Fachsemester: 4

Abgabe: 16.07.2015

Inhaltsverzeichnis

Abbildungsverzeichnis

0. Begriffe

In diesem Abschnitt werden wiederkehrende Begrifflichkeiten kurz erklärt, um ein besseres Verständnis der nachfolgenden Erklärungen zu ermöglichen.

0.1 Frequenz

Frequenzen geben bei elektromagnetischer Strahlung die Schwingungen pro Zeiteinheit (Sekunde) an. Die Frequenz ist von der Ausbreitungsgeschwindigkeit c und der Wellenlänge λ abhängig, wobei c im Medium Luft ca. $3x10^8 -$ beträgt. $\rightarrow f$ –

Je niedriger die Frequenz ist, desto besser sind das Durchdringungsvermögen, die Beugung und damit die Reichweite (höher).

1. Allgemein

Radar steht als Abkürzung für Radio Detecting and Ranging. Das Wort kommt ursprünglich aus dem Militärischen und bedeutet Sinnhaft das Detektieren und Vermessen mittels Radiowellen. Damit lassen sich viele Anwendungen in mehreren Bereichen realisieren, wie zum Beispiel

- Rundsicht- und Bordradar für den Flug- und Schiffsverkehr
- Wetterradar
- Abstandsregelsysteme, Kollisionswarner im Straßenverkehr

Dazu werden verschiedene physikalische Grundprinzipien genutzt.

1.1 Physikalische Grundprinzipien

Bei der Radartechnik wirken drei grundlegende physikalische Gegebenheiten:

1. Elektromagnetische Wellen breiten sich geradlinig aus. Das bedeutet die (Empfangs-)Richtung kann bei entsprechender Bündelung durch Antennen genau gemessen werden. Somit ist eine Ortung in Richtrung und Höhe möglich.
2. Elektromagnetische Wellen werden an leitenden Grenzflächen reflektiert. Damit wird ein Echo erzeugt welches wiederrum durch einen geeigneten Empfänger detektiert werden kann. Das ist der Beweis für die Existenz eines Hindernisses.
3. Elektromagnetische Wellen breiten sich mit einer konstanten Geschwindigkeit aus. Diese beträgt (in Luft) annähernd Lichtgeschwindigkeit von   – bzw. genau
   – . So lässt sich aus der Laufzeit der Signale die Entfernung berechnen.

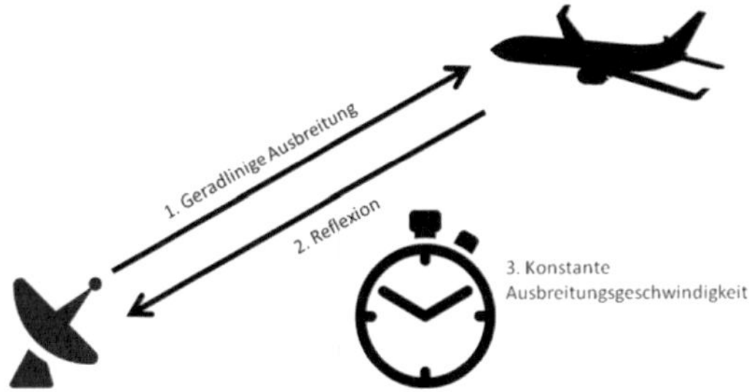

Abbildung 1: Physikalische Grundprinzipien

Diese drei Größen ermöglichen die Grundfunktionalität eines Radarsystems zur Messung der Richtung, Entfernung und Höhe eines Ziels.

2. Prinzip Radargerät

Der Sender erzeugt eine hochfrequente Schwingung, welche von einem Duplexer zur Radarantenne weitergeleitet wird. Die Antenne strahlt dann diese Leistung in der Hauptstrahlrichtung ab, die elektromagnetische Welle breitet sich mit annähernder Lichtgeschwindigkeit aus und trifft auf ein Hindernis. Ein vom Ziel reflektiertes Echo erreicht anschließend die Antenne. Während dieser Zeit (kurz nach der Abstrahlung des Impulses) schaltet der Duplexer auf Empfang und kann die Signale verstärken. Dadurch können diese auf einem Bildschirm angezeigt werden oder mit einem Computersystem verarbeitet werden.

Die Anzeige erfolgt traditionell auf einem PPI (Plan Position Indicator)- Anzeigegerät. Dort wird ausgehend von der Mitte ein Strahl, rundlaufend in Richtung der Hauptkeule der Antenne, angezeigt.

2.1   Duplexer

Duplexer werden verwendet, um einen Sender und einen Empfänger bidirektional an einem Übertragungskanal (z. B. einer Antenne) zu betreiben. Dies kann beispielswiese mit einem Relais als Trenneinheit / Umschalter geschehen. Die Regel zur richtigen Ansteuerung von Sender und Empfänger wird häufig in Abhängigkeit der Zeit festgelegt (Zeitmultiplex) -so auch bei Radarsystemen. Allerdings kann eine mechanische Umschaltung durch die hohe Schaltfrequenz bei Radarsystemen nicht mehr erfolgen. Stattdessen werden Lösungen wie Branch-Duplexer (Leitungsresonanzen) oder Balanced-Duplexer (Phasenlaufzeiten) verwendet.

3. Einteilung Radargeräte

Radargeräte werden nach unterschiedlichen Kriterien unterschieden. In diesem Abschnitt werden die zwei Hauptgruppen aus technischer Sicht abgegrenzt.

3.1 Primärradar

Das Primärradar ist das System, welches die eigentlichen physikalischen Grundprinzipien benutzt. Das bedeutet hochfrequente elektromagnetische Wellen werden ausgesendet. Diese treffen dann auf ein Hindernis und erzeugen ein Echo, welches von einem Empfänger am Radarsystem detektiert wird. Es ist also das „klassische" Radar (siehe Physikalische Grundprinzipien), mit einer passiven Arbeitsweise.

3.1.1 Vorteile

Da nur physikalische Gesetzmäßigkeiten benutzt werden, kann jedes (technisch mögliche) Ziel erkannt werden. Dies ist notwendig, um auch defekte Flugzeuge (z. B. keine Funkverbindung) oder, im militärischen Bereich, auch gegnerische Flugzeuge zuverlässig zu orten.

Des Weiteren ist ein Frequenzwechsel bei Störungen möglich. Das bedeutet eine Radaranlage kann bei sehr starkem Rauschen oder anderen Störimpulsen selbstständig die Frequenz (innerhalb des zulässigen Frequenzbands) wechseln.

3.1.2 Nachteile

Nur Informationen aus der Berechnung aus Laufzeit und Geschwindigkeit (der Wellen) werden erlangt. Außerdem muss die elektromagnetische Strahlung die Strecke vom Radargerät bis zum Ziel und zurück (als durch die Sendeleistung erzeugtes Echo) überwinden. Dabei wird diese beim Hinweg, bei der Reflexion und auf dem Rückweg gedämpft. Deshalb sind große Sendeleistungen von Nöten, um ein noch detektierbares Signal am Empfänger zu erzielen.

3.1.3 Daten und Verwendung

Folgende Informationen können gewonnen werden:

- Richtung
- Entfernung
- Höhe

Weitere Daten sind durch die Nutzung von Computersystemen möglich (siehe Weitere Daten Kapitel 6.4).

In folgenden Bereichen findet meist das Primärradar Verwendung:

- Flugverkehr
- Schiffsverkehr

- Straßenverkehr (Geschwindigkeitsmessung)
- Militär

3.2 Sekundärradar

Das Sekundärradar ist eher eine Kommunikationsverbindung zwischen einem Empfänger und einem Sender, wobei die Rollen wechseln. Das heißt das Radar sendet einen Impuls aus, worin eine Frage (nach der Höhe, Geschwindigkeit etc.) enthalten ist. Diese wird von einem Transponder im Flugzeug empfangen und dekodiert. Dort wird dann die notwendige Information als Antwort generiert und an das Radar zurückgeschickt. Somit handelt es sich um eine aktive Arbeitsweise. Die Fragen und Antworten sind festgelegt, also können nur Informationen aus einem definierten Katalog übertragen werden. Theoretisch wären allerdings alle Daten möglich. Die Abfrage wird auf der Frequenz 1030 MHz übertragen, die Antwort bei 1090 MHz.

3.2.1 Vorteile

Jede Information (bzw. der feste Katalog) kann auf einfache Weise übertragen werden. Damit wird das Einsatzspektrum des Radarsystems um viele weitere Daten erweitert. Außerdem wird eine geringere Sendeleistung benötigt, da nur die einfache Strecke (und nicht Hin- und Rückweg) überbrückt werden muss. Dies ermöglicht außerdem kleinere Sender und Empfänger oder aber höhere Reichweiten.

3.2.2 Nachteile

Durch die bidirektionale Datenverbindung ist eine aktive Mitarbeit des Ziels notwendig. D. h. nicht jedes Ziel, beispielsweise ein feindliches Militärflugzeug, wird geortet. Außerdem muss die Sende- und Empfangsfrequenz festgelegt sein, somit kann bei Störungen kein Wechsel auf andere, störungsfreie Frequenzbereiche stattfinden.

3.2.3 Daten und Verwendung

Folgende und weitere Informationen können übermittelt werden:

- Position (durch eigenständige Bestimmung mittels GPS, GLONAS oder BeiDou)
- Flugkennung
- Flugzeugtyp
- Geschwindigkeit
- Flughöhe
- Kurs
- Ziel
- Feind / Freund Erkennung
- …

Dieses Radargerät wird oft als Ergänzung zu einem Primärradar verwendet. Deshalb sind die Anwendungen dieselben, zusätzlich dazu:

- Auto (Keyless Go Systeme)
- Transponder an Bojen auf See

4. Auswertung der Signale

Üblicherweise wird die Antenne sowohl zum Senden als auch zum Empfang der Signale verwendet. Deshalb muss die Sende- und Empfangszeit begrenzt sein. Nachdem der kurze Sendeimpuls abgestrahlt wurde beginnt die Empfangszeit. Die Empfangszeit ist dadurch begrenzt, das sich die Abstrahlrichtung (z. B. durch drehen der Antenne) ständig ändert. Das bedeutet, dass der nächste Sendeimpuls sofort nach Erreichen des nächsten Drehwinkels ausgesendet werden muss. Dazwischen liegt eine Totzeit, in der moderne Radargeräte verschiedene Selbsttests durchführen. Die Impulsfolgefrequenz bezeichnet die Anzahl der gesendeten Impulse pro Sekunde. Die Zeit vom Beginn eines Sendeimpulses bis zum Beginn des nächsten Sendeimpulses ist die Impulsfolgeperiode.

5. Radargeräte in der Flugsicherung

Im Bereich der Flugsicherung bzw. ATM (Air Traffic Management) gibt es je nach Anwendung (Überwachungsbereich) verschiedene Radarsysteme.

5.1 En Route Radar

Das „Luftstraßenradar" ist hauptsächlich zur Streckenkontrolle, also der Überwachung der verschiedenen Flugverkehrsstraßen außerhalb von Flugplätzen. Da dies einen sehr großes Gebiet umfasst werden hierfür Radarsysteme aus dem L – Band (IEEE, D – Band in der Nato Nomenklatur) verwendet. Bei einer Abstrahlfrequenz von 1 GHz bis 2 GHz werden Reichweiten von bis zu 450km erreicht.

Die Antennen werden mit Drehzahlen von ca. 4 bis 6 Umdrehungen pro Minute betrieben. Bei den sechs in Deutschland installierten Radarstationen sind jeweils ein Primär- und ein Sekundärradar vorhanden.

5.2 Airport Surveillance Radar

Diese Systeme unterstützen bei der Überwachung des Bereichs um Flughäfen bis zu einer maximalen Entfernung von ca. 120km. Diese Systeme arbeiten im E-Band bei einer Frequenz von 2 GHz bis 3 GHz und einer Leistung von bis zu 25 KW (Spitzenleistung). Auch hier kommt eine Kombination aus Primär- sowie Sekundärradar zum Einsatz.

5.3 Präzisions Anflug- und Landeradarsysteme

Dieses Radarsystem dient der Unterstützung bei Landeanflügen unter schlechten Sichtbedingungen, also der Navigationsunterstützung. Die Antennen befinden sich direkt neben der Start-/Landebahn und bestehen aus zwei Systemen. Einerseits wird die Höhe des Flugzeugs durch ein vertikal arbeitendes Radar ermittelt, die aktuelle Anflugrichtung durch ein horizontal geschwenktes Radar. Die Ergebnisse werden auf einem Bildschirm in Bezug zu einer die idealen Anfluglinie dargestellt. Damit werden Abweichungen schnell erkannt. Das PAR stellt sehr hohe Anforderungen an die Genauigkeit der Auflösung und Richtungsbestimmung. Deshalb sind hier elektronisch schwenkbare Systeme als die bessere Lösung anzusehen.

6. Berechnung der Seiten- und Höhenwinkel

Die grundlegende Funktion eines Radarsystems ist die Ermittlung der Richtung und Höhe eines zu detektierenden Objekts. Die Genauigkeit der Winkel hängt maßgeblich vom Antennengewinn (und dementsprechend der Bündelung der elektrischen Energie) ab. Je größer der Antennengewinn, also je mehr der Strahl gebündelt wird, desto präziser kann die Richtung bzw. Höhe bestimmt werden. Damit zeigt die Antenne genau in die zumessende Richtung. Je größer eine Antenne ist, desto besser werden Strahlen gebündelt. Im Folgenden wird auf die Berechnung der Seiten- und Höhenwinkel eingegangen.

6.1 Seitenwinkel

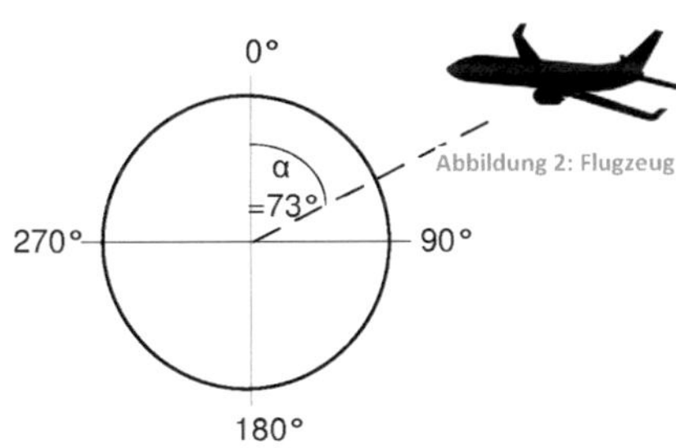

Abbildung 3: Seitenwinkel

Der Seitenwinkel bezeichnet die Richtung in der ein Objekt ermittelt wird. Dieser Winkel umfasst bei den meisten Radaranlagen 360°, also wird eine größtmögliche Fläche abgedeckt. Je nach Antennentyp wird diese horizontal gedreht oder elektronisch geschwenkt. Bei einer Drehbewegung muss das Mechanische Getriebe sehr genau arbeiten, andernfalls muss die Phasenverschiebung genau angewendet und die Berechnungen zur Winkelveränderung sollten korrekt umgesetzt sein.

Der Winkel 0° wird dem geografischen Norden zugeordnet (bei stationären Systemen, wie z. B. am Flughafen), die Drehung erfolgt im Uhrzeigersinn. Damit eine exakte Ortung möglich ist, richten Radaranlagen den geografischen Norden mittels GPS aus. In Flugzeugen oder Schiffen können die Seitenwinkel auch relativ zum eigenen Kurs dargestellt werden.

6.2 Höhenwinkel

Der Höhenwinkel ist die Bezugsgröße in der vertikalen und ist eine horizontale Verlängerung der Antenne bei 0°(Horizont). Über dem Horizont steigt der Winkel (positiv), darunter fällt dieser, wird somit negativ.

6.2.1 Zielhöhe (Höhe über Grund)

Die Zielhöhe bezeichnet die Höhe über der Erdoberfläche und kann leicht über den Höhenwinkel und der Zielentfernung berechnet werden. Dazu wird die Winkelfunktion —————————verwendet, wobei = Höhenwinkel ist, Hypotenuse = Zielentfernung und Gegenkathete = gesuchte Höhe H. Durch Umstellung der Formel ergibt sich: s.

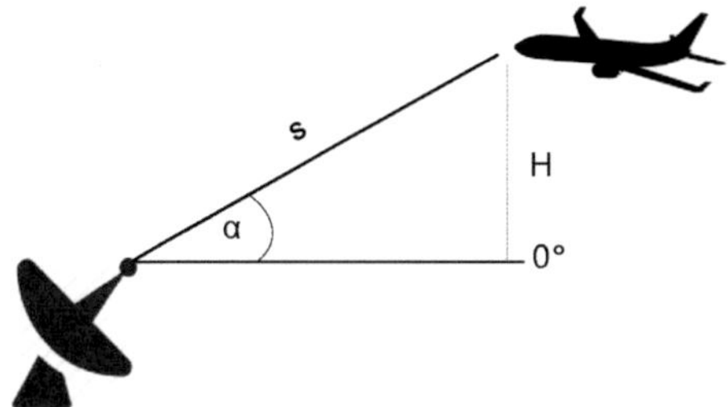

Abbildung 4: Zielhöhe

Allerdings weist die Erdoberfläche eine Krümmung auf, weshalb diese Berechnung nur eine Näherung an die gewünschte Höhe darstellt. Zum Ausgleich werden in Radarsystemen komplizierte Berechnungen durchgeführt. Dies kann z. B. wie folgt erreicht werden.

$$-$$

Höhenwinkel [°]
Entfernung [m]
Erdradius [m]

Dieser Formel müssen allerdings noch Parameter zur Kompensation der Refraktion elektrischer Strahlen hinzugefügt werden. Die Krümmung wird beeinflusst von:

- der Sendefrequenz
- dem Atmosphärischen Druck
- der Lufttemperatur
- der Luftfeuchtigkeit

Die Refraktion kann näherungsweise durch den äquivalenten Erdradius von $_\ddot{A}$ – vermieden werden. Also wird $R_{\ddot{A}}$ in die obere Gleichung als r_e eingesetzt.

6.3 Entfernung

Die Zielentfernung ist Strecke zwischen Radargerät und Ziel. Diese wird aus der bekannten Geschwindigkeit der Signale und der Laufzeit ermittelt. Dazu werden folgende Grundlagen angewendet:

Geschwindigkeit [m/s]

Weg [m]

$$v = \frac{s}{t}$$

Zeit [s]

Daraus folgt die Wegstrecke (Hin und Rückweg) mit der Geschwindigkeit v = Lichtgeschwindigkeit c_0 :

[m/s]

$$s = \frac{c}{\quad}$$

Entfernung [m]

= Laufzeit des Signals [s]

Zur Ermittlung der Entfernung muss ein hochgenauer Zeitgeber im Radarsystem die Laufzeit der Signale vom Senden bis zum Empfangen messen.

Diese Entfernung ist allerdings nicht der geografisch richtige Abstand, sondern die sog. Schrägentfernung. Um die „echte" Entfernung zu bestimmen, ist der Bezug zur Höhe herzustellen. In der heutigen Radartechnik wird dazu ein Dreieck aus dem Erdmittelpunkt, dem Standort des Radargeräts und dem Standort des Zielobjekts gebildet.

6.4 Weitere Daten

Durch die Aufzeichnung und logische Aneinanderreihung von Messpunkten aus den grundlegenden Funktionalitäten (Höhen- und Seitenwinkel) lassen sich einige weitere Daten berechnen. Dazu gehört zum einen die Bestimmung der Relativbewegung. Aber auch die Wegstrecke und Geschwindelt, relativ zur eigenen lassen sich bestimmen. Wenn nun eine Karte unter diese Messpunkte gelegt wird, können Flugbewegungen präzise nachvollzogen werden.

Eine interessante Anwendung ist außerdem die Berechnung der ungefähren Größe des Zielobjekts. Auf Grund dieser Information ist es auch möglich Konturen zu erkennen um damit z. B. auf den Flugzeugtyp zu schließen. Diese Erkennung ergibt sich aus der Kombination mehrerer Messungen mit aneinanderlegenden Seitenwinkeln. Wenn Reflektionen von einigen Seitenwinkeln (z. B. von 0°-2°) erkannt werden, die außerdem die gleiche Entfernung besitzen, kann daraus die Größe des Ziels bestimmt werden.

7. Radargleichung

Die Radargleichung gibt Zusammenhänge zwischen Sendeleistung und empfangener Leistung in Abhängigkeit vom Aufbau des Radarsystems. Damit können Radaranlagen bzgl. der Leistungsfähigkeit beurteilt werden.

$$\underline{\hspace{3cm}} \qquad =\text{Sendeleistung [W]}$$

$$\underline{\hspace{3cm}} \qquad G=\text{Antennengwinn}$$

$$\sigma=\text{Rückstrahlfäche}$$

$$=\text{Empfangsleistung [W]}$$

$$R=\text{Reichweite [m]}$$

Diese Gleichung stellt eine theoretische Berechnung der Zusammenhänge von Radaranlagen dar. Bei einem Vergleich mehrerer Systeme werden verschiedene Parameter berechnet. Ein wichtiges Kriterium ist die minimale Empfangsleistung, bei der noch ein Empfangen des Echos möglich ist. Daraus ergibt sich ebenfalls die maximale Messentfernung.

In der Realität erfahren elektromagnetische Wellen eine Dämpfung. Um also Realitätsechte Berechnungen durchzuführen, wird diese Formel um einen Dämpfungsfaktor erweitert.

$$\underline{\hspace{4cm}}$$

$$\underline{\hspace{4cm}}$$

Damit sind alle Verluste, also durch Freiraumdämpfung, geräteinterne Dämpfungen durch Bauteile, Fluktuationsverluste bei der Reflektion,…, zusammengefasst. Zur Berechnung der Reichweite können der Antennengewinn G, die Wellenlänge λ, die Rückstrahlfläche σ und der Dämpfungsfaktor als konstant angenommen werden. Somit ergibt sich der einfache Zusammenhang zum Vergleich: $R \quad \overline{\hspace{1cm}}$

7.1 Rückstrahlfläche

Die Rückstrahlfläche, auch als Radarquerschnitt bezeichnet, wird für praxisnahe Berechnungen meist nicht exakt bestimmt, sondern durch Aufteilung des Ziels in verschiedene geometrische Formen (Kugel, Zylinder, Platte) geschätzt. Ein Mensch hat einen Radarquerschnitt von ca. 1m².

8. Antennen

Die Antenne eines Radarsystems erfüllt verschiedene Aufgaben. Dazu gehört zum einen das Abstrahlen (Senden) und detektieren (Empfangen) der Leistung. Außerdem muss das Senden der Wellen in einem sehr schmalen Winkel, also mit hohem Antennengewinn erfolgen, damit die Richtung und Größe des Ziels genau gemessen werden kann. Weiterhin muss die Konstruktion vor allem im Außenbereich den Wetterbedingungen stand halten. Als besonders geeignet haben sich die zwei folgenden Grundformen herausgestellt.

8.1 Parabolantenne

Die Parabolantenne besteht aus einem Parabolspiegel in Form eines Paraboliden, welcher von einem Erreger im Brennpunkt ausgeleuchtet wird oder Empfangene Strahlung dort bündelt. Der Erreger ist meist ein Hornstrahler. Der Parabolspiegel kann eine geschlossene metallische Fläche sein, wird allerdings üblicherweise als Gitterkonstruktion (Löcher des Gitters kleiner $\lambda/10$) ausgeführt. Dies verringert das Gewicht und verkleinert die Windlast, da gerade große Radarsysteme meistens außerhalb geschlossener Räume verwendet werden.

8.1.1 Funktionsweise

Der Reflektor wird von dem Strahler ausgeleuchtet. Alle einfallenden Strahlen werden parallel zur Antennenachse reflektiert. Dies passiert mit einer Phasendrehung von 180°. Dabei werden alle Strahlen zu einer Ebenen Wellenfront geformt, um Wegunterschiede (Phasendifferenz) zu vermeiden. Mit der dargestellten Parabolantenne wird ein „Pencil Beam" erzeugt. Dieser ist sehr stark gebündelt und damit schmal („…wie ein Bleistift").

Beim Empfangen funktioniert der Reflektor umgekehrt, alle einfallenden Strahlen werden im Brennpunkt gebündelt, wo die Hornantenne die Signale empfangen kann.

8.2 Phased Array Antenne

Je gerichteter eine Parabolantenne ist, desto größer muss der Reflektor sein. Damit steigt das Gewicht und grade bei sich drehenden Radarsystemen (z. B. Rundsuchradar) kommt es somit zu einer hohen mechanischen Beanspruchung. Damit kann es leicht zu einem Ausfall und aufwendigen Reparaturen kommen. Eine andere Möglichkeit die Leistung zu Senden und Empfangen sind Phased-Array Antennen.

Hierbei handelt es sich um Gruppenantennen, es werden also mehrere Einzelstrahler zu einer Antenne zusammengefasst. Durch geschickte Anordnung und Verschaltung wird die Strahlungsenergie stark gebündelt – eine hohe Richtwirkung, die (u. U.) elektronisch geschwenkt werden kann, wird erzielt.

8.2.1 Funktionsweise

Das Grundprinzip der Phased Array Antenne beruht auf Interferenz. Durch Überlagerung zweier gleichphasiger Signale werden Wellen in Hauptstrahlrichtung konstruktiv überlagert (verstärkt) und an den Nebenkeulen abgeschwächt. Durch Steuerung der Phase (Phasenschieber) bzw. Verzögerung der Einspeisung an den einzelnen Strahlern der Gruppenantenne kann der Hauptstrahl elektronisch um einen bestimmten Winkel geschwenkt werden.

9. Exkurs: ADS-B

ADS-B (Automatic Dependent Surveillance - Broadcast) ist ein Transpondersystem, welches dem Sekundärradar ähnelt und dient der Anzeige von Flugbewegungen.

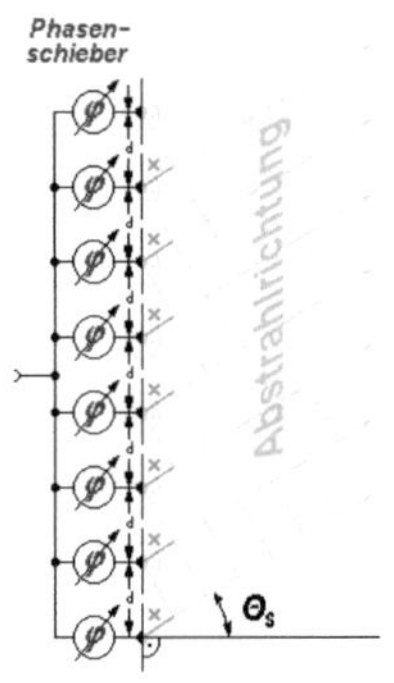

Abbildung 5: Gruppenantenne

9.1 Funktionsweise

Wie beim Sekundärradar werden verschiedene Flugzeugabhängige Parameter selbstständig vom Flugzeug ermittelt. Diese Daten werden dann kontinuierlich auf einer festen Frequenz (1090 MHz) abgestrahlt. Diese Informationen können von jedem mit geeigneter Antenne Empfangen werden. Deutschlandweit stehen verteilt Empfangsstationen, die von der Deutschen Flugsicherung betrieben werden. Aber auch verschiedene Dienste im Internet bieten die Darstellung, meist kostenlos, der Flugdaten an.

Das System ist ab 2017 bei allen Verkehrsflugzeugen Pflicht, aber auch viele kleinere Maschinen haben solch einen Transponder installiert. Nachteil ist jedoch trotzdem, die nicht komplett flächendeckende Überwachung, weshalb ADS-B für die Flugsicherung als alleinige Kontrolle nicht ausreicht. Als Vorteile gelten die geringeren Kosten im Vergleich zum Primär- / Sekundärradar, sowie die höhere Aktualisierungsrate (Abstrahlung erfolgt zweimal pro Sekunde)

9.2 Mögliche Flugdaten

Es können folgende Flugdaten übermittelt werden:

- Position (durch eigenständige Bestimmung mittels GPS, GLONAS oder BeiDou)
- Flugkennung
- Flugzeugtyp
- Geschwindigkeit
- Flughöhe
- Flugrichtung

10.   Quellen

In diesem Abschnitt sind alle genutzten Quellen angegeben.

10.1   Internetquellen

http://www.forschungsinformationssystem.de/servlet/is/406540, 15.07.2015

http://www.radartutorial.eu, 15.07.2015

http://www.afsbw.de/index.php/flusi/flugsicherungstechnik, 15.07.2015

http://www.ralf-woelfle.de/elektrosmog/redir.htm?http://www.ralf-woelfle.de/elektrosmog/technik/radar.htm, 15.07.2015

https://www.dfs.de/dfs_homepage/de/Flugsicherung/Center%20und%20Tower/Technik/, 15.07.2015

10.2   Buchquellen

Technische Navigation, Professor Müller-Demuth, HS Wismar Fachbereich Seefahrt Warnemünde

Radartechnik: Grundlagen und Anwendungen, Jürgen Göbel, Vde-Verlag, 2009

10.3   Bildquellen

Abbildung 1: selbst erstellt aus

- http://pixabay.com/de/flugzeug-luft-verkehr-reisen-310501/, 15.07.2015
- http://www.deine-wandtattoos.de/imageupload/12076001/12076001.png, 15.07.2015
- https://cdn3.iconfinder.com/data/icons/communication-1/100/radar_2-128.png, 15.07.2015

Abbildung 2: http://pixabay.com/de/flugzeug-luft-verkehr-reisen-310501/, 15.07.2015

Abbildung 3: selbst erstellt

Abbildung 4: selbst erstellt aus:

- http://pixabay.com/de/flugzeug-luft-verkehr-reisen-310501/, 15.07.2015
- https://cdn3.iconfinder.com/data/icons/communication-1/100/radar_2-128.png, 15.07.2015

Abbildung 5: https://upload.wikimedia.org/wikipedia/commons/8/84/PhasedArray.png, 15.07.2015

10.4   Weitere Quellen

Vorlesung Antenne design und EM-Simulation, Prof. Dr.-Ing. Bianca Will, FH SWF, SS15

Vorlesung Funksysteme 1, Prof. Dr. rer. nat. Christian-Friedrich Lüders, FH SWF, WS12/13